U0149815

室内风格与软装
方案大全　自然

理想·宅 编

中国电力出版社
CHINA ELECTRIC POWER PRESS

内 容 提 要

本书将目前国内最常使用的美式乡村风格、现代美式风格、自然田园风格、现代自然风格、地中海风格5类自然装饰风格，书中分析了风格设计要素，运用大量的图片帮助读者真正了解风格特点，可作为灵感来源和参考资料使用。软装搭配元素以拉线的方式辅助讲解，风格要素一目了然，风格特点一看就懂，可以帮助读者解决疑难点问题。

图书在版编目（CIP）数据

室内风格与软装方案大全 . 自然 / 理想·宅编 . — 北京：
中国电力出版社，2020.7
ISBN 978-7-5198-4610-7

Ⅰ . ①室…　Ⅱ . ①理…　Ⅲ . ①住宅 – 室内装饰设计 – 图集
Ⅳ . ① TU241–64

中国版本图书馆 CIP 数据核字（2020）第 073091 号

出版发行：中国电力出版社
地　　址：北京市东城区北京站西街 19 号（邮政编码 100005）
网　　址：http://www.cepp.sgcc.com.cn
责任编辑：曹　巍（010 – 63412609）
责任校对：黄　蓓　李　楠
责任印制：杨晓东

印　　刷：北京博海升彩色印刷有限公司
版　　次：2020 年 7 月第一版
印　　次：2020 年 7 月第一次印刷
开　　本：889 毫米 ×1194 毫米　16 开本
印　　张：9
字　　数：271 千字
定　　价：58.00 元

目录
contents

美式乡村风格 001

现代美式风格 033

棉麻布艺是美式乡村风格中的主流装饰　　002

注重实用性的美式乡村风格家具特点　　004

源于自然色调的美式乡村风格配色　　006

美式乡村风格的配饰可以多元化选择　　010

美式乡村风格避免出现大量直线条　　014

利用装饰画色彩及形态为空间增加灵动性　　018

软装配色同样要体现出厚重的风格特征　　022

自然化的美式乡村风格装饰　　030

现代美式风格的配色更为丰富　　034

保留乡村感的简化家具　　038

混合现代与传统特色的皮质家具　　042

保留乡村情怀的现代美式风格装饰　　046

爱国主义图案的广泛运用　　050

现代美式风格选材不必单一　　054

平直线条的广泛运用　　058

棉麻制品仍是重要的装饰元素　　062

自然田园风格　067

软装色彩搭配力求纯净与通透　　068

灵活小巧的家具形态　　072

女性化图案利用较高　　076

花卉壁纸的灵活运用　　080

铁艺灯具可以更加凸显居室风情　　084

白色家具与碎花的组合增强甜美感　　088

现代自然风格　091

避免采用纯度和明度过高的色彩　　092

装饰品需要体现风格特征，也要具有现代感　　096

直线条为主的空间印象　　100

自然材料与现代材料的组合　　104

地中海风格　107

地中海家居风格中的纯美色彩组合　　108

浓郁的地中海人文风情和地域特征的图案形状　　112

冷材质与暖材质广泛应用在地中海风格　　116

低矮木质家具令地中海风格家居更显宽敞　　120

带有地中海风格特定元素的灯具能够更好地体现风格特征　　122

装饰品中可以利用绿植来彰显自然味道　　128

用海洋美感的装饰物品修饰空间　　132

拱形形状的大量使用　　134

朴素自然的装饰物件　　136

家 具

造型简洁、体积粗犷，一般不用雕饰，保留木材原始的纹理和质感。

粗犷的木家具、皮质沙发、摇椅、四柱床、做旧处理的实木沙发、木色斗柜

材 料

材质上追求自然效果，因此石材、红砖等均很常见。此外，布艺也是美式乡村风格中重要的运用元素。

自然裁切的石材、砖墙、硅藻泥、实木、棉麻布艺、花纹壁纸

配 色

配色上强调"回归自然"，以自然色调为主，绿色、土褐色最为常见。

棕色系 / 橡胶色、绿色系、黄色系、蜂蜜色、旧白色、比邻配色

形状图案

常运用圆润的线条体现其自然的风格特征。植物花卉图案，鸟、虫、鱼等图案都较为常见。

藻井式吊顶、圆润的线条（拱门）、浅浮雕、浅浮雕花卉、植物图案、鹰形图案 / 鸟、虫、鱼图案

装 饰

装饰物品重视生活的自然舒适性，突出格调清婉惬意，外观雅致休闲。

铁艺灯具、自然风光的油画、大花纹布艺、金属工艺品、仿古装饰品、金属风扇、壁炉

棉麻布艺是美式乡村风格中的主流装饰

　　布艺是美式乡村风格中不可或缺的装饰元素。布艺的天然质感与美式乡村风格追求质朴、自然的基调相协调，广泛运用在窗帘、抱枕、床品、布艺家具等材质上。其中，本色的棉麻是主流，也常见色彩鲜艳、花朵硕大的装饰图案。

皮质沙发　　　　　　　粗犷的实木茶几

花纹地毯　　　　　粗犷的木质家具　　　　　　皮质沙发

自然裁切的石材　　　格纹布艺靠枕

拱门　　　　　　藻井式吊顶

粗犷的木家具　　　　　大型绿植

皮质沙发　　　　　壁炉

圆润的线条　　自然裁切的石材

古朴的花器　　　　实木地板

实木复合地板　　　　砖墙

粗犷的实木餐桌　铁艺吊灯

厚重的实木书柜　　　铁艺吊灯

藻井式吊顶　　　　自然裁切的石材

注重实用性的美式乡村风格家具特点

美式乡村风格家具的一个重要特点是其实用性比较强，比如有专门用于缝纫的桌子，可以加长，或拆成几张小桌子的大餐台。另外，美式家具非常重视装饰，风铃草、麦束、瓮形等图案都较为常见。

花卉图案沙发　铁艺吊灯

金属风扇灯　　　实木家具

皮质沙发　金属风扇灯

花卉床品　　　铁艺吊灯

花卉床品　　　四柱床

四柱床　　花卉床品

自然裁切的石材　　　仿古地砖

条纹布艺座椅　　　　大朵花卉图案地毯

实木茶几　　　　壁炉

粗犷的实木顶面　　锦鸡装饰品

实木餐桌椅　　　　仿古地砖

铁艺吊灯　　　　实木地板

藻井式吊顶　　　　粗犷的木家具

源于自然色调的美式乡村风格配色

美式乡村风格具有质朴而实用的效果。在配色上，除了强调"回归自然"，通常也会将蜂蜜色、旧白色作为背景色或主角色应用，再搭配一些明度差别较大的深色，能够增添层次感，并呈现出清爽、素雅的家居环境氛围。

实木茶几　　　花卉图案地毯

花卉图案地毯　　　　　　　金属装饰

花卉图案靠枕　四柱床

铁艺吊灯　　　粗犷实木家具

实木雕花茶几　　花卉图案地毯

棉麻窗帘　　　　　　粗犷的木家具

粗犷的实木双人床　　大朵花卉图案地毯

大朵花卉图案地毯　　壁炉

皮质沙发　　铁艺吊灯

大朵花卉图案地毯　　花纹壁纸

粗犷的木家具　　皮质沙发

藻井式吊顶　　鹿头装饰

花卉图案装饰画　　粗犷的木家具

壁炉　　　花纹地毯　　　　　　　　花卉床品　　　四柱床

花纹壁纸　　　　　　　　实木餐桌　　　　　铁艺吊灯　　　皮质座椅

皮面双人床　　　花纹地毯　　　　　　古朴的花器　　　　粗犷的木家具

花卉布艺沙发 　　　　　 仿古地砖

皮质沙发 　　　　 壁炉

皮质沙发 　　　　 花鸟图案的抱枕

铁艺吊灯 　　　　　 古朴的花器

四柱床 　　　　　　 古朴的花器

花鸟图案的抱枕 　　　　　 大型绿植

美式乡村风格避免出现大量直线条

美式乡村风格的居室一般要尽量避免出现大量直线条，会经常采用像地中海风格中常用的拱形垭口，其门、窗也都圆润可爱，这样的造型可以营造出美式乡村风格的舒适和惬意感觉。

花卉图案座椅　　　　　实木地板

实木收纳柜　　　花卉床品

大型绿植　花鸟图案的抱枕

实木边几　　　　挂钟

实木餐桌椅　　金属风扇灯

鹿角灯 麋鹿造型摆件

花卉、植物图案装饰画　实木餐桌椅

花卉图案宽大沙发　粗犷的木家具

藻井式吊顶 铁艺吊灯

粗犷的实木双人床　　　　实木斗柜

实木地板　　　　古朴的花器

皮质沙发 花鸟图案装饰墙画

仿古地砖　金属风扇灯

铁艺吊灯 自然风光的油画　　　　　　　　实木电视柜 铁艺吊灯

皮质座椅　　　　　　　　壁炉

自然风光的油画　大型绿植　　　　　　　　铁艺吊灯 实木餐桌椅

粗犷的实木双人床　　　　棉麻窗帘　　　　皮质沙发　　　　金属风扇灯

条纹靠枕　粗犷的实木双人床

鹿角灯　大朵花卉图案地毯　　　　实木复合地板　　　　实木餐桌椅

古朴的花器　　　　拱门　　　　实木斗柜　　　　仿古地砖

利用装饰画色彩及形态为空间增加灵动性

在美式乡村风格中，装饰画既可以是花鸟等来源于自然的题材，也可以是都市题材的画作；既可选用大幅装饰画，用色彩的明暗对比产生空间感，也可以选用两到三幅小型木框组合的装饰画，体现空间的自然、灵动。

实木茶几　铁艺吊灯

实木餐桌椅　　　　　拱门

四柱床　　　　　花纹壁纸

花鸟图案的抱枕　壁炉

金属风扇灯　实木餐桌椅

粗犷的木家具　　　　　皮质沙发

铁艺吊灯　仿古地砖

实木斗柜　　　世界版图装饰

金属摆件　　　四柱床

花卉图案地毯　铁艺吊灯

古朴的花器　　　仿古地砖

花卉靠枕　　　　条纹老虎椅

铁艺花架　　　自然裁切的石材

花卉图案装饰画　粗犷的木家具

金属风扇灯　粗犷的实木餐桌

实木餐桌椅　金属风扇灯

藻井式吊顶　　　　皮质沙发

皮质沙发　麋鹿造型装饰　　　　壁炉

金属摆件　　　实木家具　　　挂钟　　　皮质沙发

麋鹿造型装饰 自然风光的油画

藻井式吊顶　　　　实木餐桌

实木书桌　　　　鹰造型摆件

壁炉　　　　麋鹿造型摆件

大型绿植　　　　鹿角灯

实木壁炉　　　　古朴的花器

软装配色同样要体现出厚重的风格特征

美式乡村风格通常采用大色块的配色形式，常会用棕色系或绿色系作为背景色，充分奠定了空间的自然基调。另外，家具的色彩也较为厚重，仅在装饰品上出现浊色调的红色、蓝色等其他色彩。

花卉图案地毯　　　壁炉

花鸟图案的抱枕　　　铁艺装饰品

实木家具　皮质沙发

壁炉　　　　　实木餐桌椅

花卉图案地毯　粗犷的木家具

格纹布艺家具　　　粗犷的木家具　　　　　　　　实木餐桌椅　　大型绿植

实木斗柜　　花纹壁纸　　　　　　　　　花卉床品　　　　　　花纹壁纸

实木床头柜　　鸟类图案靠枕　　　　　　　　铁艺吊灯　自然风光的油画

实木四柱床　　　金属摆件　　　　　　　金属风扇灯　实木家具

金属风扇灯　　　　　粗犷的木家具　　　大型绿植

花纹壁纸　花卉床品

皮质座椅　　实木餐桌

铁艺吊灯　　　　皮质座椅

花卉图案地毯　　粗犷的木家具　　　　　　　　　实木茶几　　条纹布艺沙发

实木地板　　拱门　　　　　　　　　藻井式吊顶　　自然风光的油画

大型绿植　　实木斗柜

粗麻布盖毯　四柱床　　　　　　　　花卉床品　　　实木四柱床

实木酒柜　　铁艺吊灯　　　　　　　　皮质沙发　　自然风光的油画

铁艺吊灯　　　　　　　　　　　　　　　　　　　实木家具

大朵花卉图案地毯　　实木双人床　　　　　花纹壁纸　实木双人床

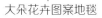

花纹壁纸　麋鹿造型装饰

实木地板　　　　　实木书柜

皮质沙发　　　　　实木组合书柜

花卉床品　四柱床

花纹壁纸　　　　　鹰造型工艺品

麋鹿造型装饰　皮质沙发

世界版图装饰画　实木双人床

植物图案装饰画　　　粗犷的木家具

粗犷的木家具　　　藻井式吊顶　　　　粗犷的实木书柜　　　实木书桌

花鸟图案的抱枕　　　皮质沙发　　　　皮质座椅　铁艺吊灯

世界版图装饰画　　　粗犷的木家具

壁炉　　铁艺吊灯

藻井式吊顶　　粗犷的木家具

壁炉　　粗犷的木家具

实木书桌　　条纹布艺座椅

壁炉　　金属摆件

粗犷的木家具　　铁艺吊灯

自然化的美式乡村风格装饰

　　美式乡村风格的家居配饰多样，非常重视生活的自然、舒适性。其中，各种繁复的绿色盆栽是美式乡村风格运用非常重要的装饰元素，尤其是体量较大的绿植，与美式风格追求粗犷、豁达的审美诉求相匹配。

实木餐桌　花卉图案实木餐桌椅

壁炉　　　大朵花卉图案地毯

藻井式吊顶　　　条纹布艺

粗犷的木家具　古朴的花器

自然风光的油画　　皮质座椅

实木餐桌椅　　花卉图案装饰画

粗犷的木家具　　　皮质沙发

棉麻窗帘　　　　实木家具

锦鸡装饰品　　　实木餐桌

粗犷的木家具　　　　皮质沙发

四柱床　　　　铁艺吊灯

实木书柜　　　　鸟类装饰画

壁炉　　　　实木书桌

铁艺吊灯　实木家具

实木餐桌椅　拱门

皮质沙发　粗犷的木家具

花卉床品　实木双人床

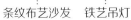

条纹布艺沙发　铁艺吊灯

实木双人床　铁艺吊灯

花卉床品　实木双人床

大型绿植　皮质座椅

现代美式风格

家 具

线条简化、平直，但也常见弧形的家具腿部；少有繁复雕花，而是线条更加圆润、流畅。

线条简化的木家具、带铆钉的皮质沙发、温莎椅、金属家具、铁艺家具

材 料

使用天然材料的同时，也会搭配现代材料。

实木、石材、壁纸、仿古砖、金属、铁艺、玻璃

形状图案

出现大量的平直线条，几何图案也较常出现。

直线条、几何图案、花鸟植卉图案、格纹

配 色

大多是将背景色调整为旧白色，令空间显得更加通透、明亮。

旧白色 + 木色、浅木色 + 绿色、比邻配色

装 饰

各种繁复的花卉、盆栽，是现代美式风格非常重要的装饰元素，只是装饰品相对精致、小巧一些。

棉麻布罩灯具、麻绳吊灯、公鸡摆件、小型装饰绿植、铁艺装饰品

现代美式风格的配色更为丰富

现代美式风格的配色和美式乡村风格的配色差异较大，告别了大面积的使用棕色、绿色，大多是将背景色调整为旧白色，令空间显得更加通透、明亮，但家具色彩依然延续较为厚重的木色调。另外，软装饰品的配色更为丰富，常会出现红、蓝，红、绿的比邻配色。

装饰画　弧形扶手沙发

点状型插花　带铆钉的皮质座椅

线条简化的木家具　纯色布艺沙发

花卉油画　　　　几何图案地毯

纯色布艺抱枕　　带铆钉的布艺沙发

弧形单人椅　　线条简化的木家具

带铆钉的皮质沙发　花卉油画

弧形扶手沙发　自然图案的棉麻抱枕　　　　小型装饰绿植　　　纯色布艺床品

纯色布艺沙发　　　　纯色布艺抱枕　　　　纯铜吊灯　线条简化的木家具

带铆钉的布艺沙发　　　　棉麻布罩灯具　　　花卉油画　小型装饰绿植

线条简化的木家具　　　　几何图案地毯　　　复杂图案靠枕　铁艺灯

纯铜吊灯　　　弧形单人椅　　　　　　　点状型插花　　　带铆钉的布艺沙发

线条简化的木家具　　簇绒地毯　　　　　　藤编地毯　　铁艺灯

线条简化的木家具　　　　　　　　　带铆钉的布艺沙发

纯色布艺沙发　麻绳吊灯

铁艺灯　　　弧形扶手沙发

复杂图案靠枕　皮质沙发

纯色布艺床品　线条简化的实木床

混材长凳　　　线条简化的木家具

混材高脚椅　　线条简化的木家具

保留乡村感的简化家具

　　现代美式风格的家具线条更加简化、平直，虽也常见弧形的家具腿部，但少有繁复的雕花，而是线条更加圆润、流畅。此类家具在材质上保留了传统美式风格的天然感，但在造型上则更加贴近现代生活。

线条简化的餐桌　铁艺餐椅

纯铜壁灯　　　　纯色布艺沙发

纯色布艺沙发　　　　　线条简化的木家具

玻璃花瓶　点状型插花

纯色布艺抱枕　　　编藤座椅

旧木色茶几　　纯色布艺沙发

小型装饰绿植　　旧木色斗柜

纯色布艺沙发　　纯铜吊灯

纯色布艺沙发　　混材茶几

纯铜吊灯　　纯色布艺沙发

点状型插花

玻璃花瓶　混材餐椅

混材收纳柜　　麋鹿墙饰

带铆钉的皮质沙发　棉麻布艺坐垫　　　　　　纯铜吊灯　　　旧木色双人床

点状型插花　　　纯色布艺沙发　　　　　　旧木色餐椅　　　纯色布艺窗帘

旧木色餐桌椅　　　　　　玻璃花瓶

纯色布艺床品　　纯铜吊灯

纯铜吊灯　点状型插花

线条简化的木家具　　纯色布艺窗帘

花卉油画　线条简化的木家具

纯色布艺床品　　　　　　　　　纯色布艺窗帘

点状型插花　　　　　　纯色布艺沙发

混材茶几　　　　　　带铆钉的座椅

混合现代与传统特色的皮质家具

皮质沙发在一定程度上反映出美式风格的粗犷、原始，有种美国西部的历史渊源感。但在现代美式风格中，常会选用带有铆钉的皮质沙发，不仅延续了厚重的风格特征，其金属元素强烈的现代气息，还可以令空间更加具有时代特质。

线条简化的木家具　花卉油画

弧形单人椅　　　线条简化的木家具

纯铜吊灯　点状型插花

纯铜吊灯　　　　　点状型插花

弧形双人床　　　　纯色布艺窗帘

点状型插花　纯铜吊灯

线条简化的木家具　小型装饰绿植

点状型插花　　　　　　线条简化的木家具　　线条简化的木家具　铁艺灯

弧形扶手沙发　　　　　几何图案地毯　　　　纯色布艺床品　　　　纯色布艺抱枕

纯铜吊灯　温莎椅　　　　　　　　　　　　纯色布艺沙发　　　　　小型装饰绿植

旧木色斗柜　　　　　　藤编篮筐　　　　　纯色布艺抱枕　　　几何图案地毯

纯色布艺沙发　花卉油画　　　　　　　　　　　　纯色布艺抱枕　　　带铆钉的皮质沙发

纯色布艺沙发　纯色布艺抱枕

麋鹿摆件　带铆钉的皮质沙发　　　　　　　　　　小型装饰绿植　　　　弧形单人椅

线条简化的木家具　　弧形扶手沙发

点状型插花　线条简化的木家具

带铆钉的皮质沙发　　纯铜吊灯

纯色布艺沙发　纯色布艺抱枕

藤编篮筐　　　　纯色布艺床品

旧木色餐椅　　纯铜吊灯

保留乡村情怀的现代美式风格装饰

现代美式风格在一定程度上依然保留了乡村情怀，因此在装饰品的选择上也擅用带有乡村题材的元素。其中，公鸡摆件是较受欢迎的工艺品，素材提炼于农场鸡，带有浓厚的乡村气息。无论是摆放在空间中的任意地方，均能体现出乡野情趣。

麋鹿摆件　　　　　线条简化的木家具

铁艺茶几　　　　　纯色布艺沙发

装饰画　　　点状型插花

麋鹿墙饰　　　带铆钉的皮质座椅

纯铜吊灯　　　　　花卉油画

纯色布艺窗帘　　　　　带铆钉的布艺沙发　　　　　几何图案地毯　马类题材装饰画

纯色布艺窗帘　温莎椅　　　　　带铆钉的皮沙发　　　马类题材装饰画

旧木色餐桌椅　纯铜吊灯　　　　　麋鹿摆件　　　自然图案的棉麻抱枕

线条简化的木家具　　皮质沙发　　　　旧木色书柜　　　　　棉麻布罩灯具

带铆钉的皮质沙发　　　　纯色布艺窗帘　　　　　　铁艺灯　线条简化的木家具

线条简化的木家具　点状型插花　铁艺灯

旧木色床头柜　　　　纯色布艺床品　　　　　　　簇绒地毯　　带铆钉的皮质沙发

纯铜吊灯　　　纯色布艺沙发

旧木色餐桌椅　玻璃花瓶

纯铜吊灯　　　纯色布艺抱枕

纯色布艺床品　　小型装饰绿植

皮质老虎椅　铁艺灯

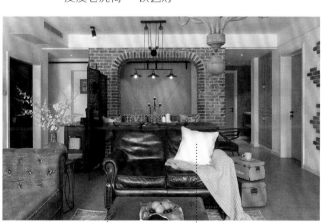

带铆钉的皮质沙发　纯色布艺抱枕

骏马造型摆件　　　混材餐椅

爱国主义图案的广泛运用

现代美式风格的家居中，还会经常出现一些表达美国文化概念的图腾，例如白头鹰。白头鹰是美国的国鸟，代表勇猛、力量和胜利，这一象征爱国主义的图案被广泛地运用于装饰中，比如鹰形工艺品，或者在家具及墙面上体现这一元素。

线条简化的木家具　　纯色布艺抱枕

纯铜吊灯　线条简化的木家具

带铆钉的皮质沙发　麋鹿图案靠枕

旧木色书桌椅　　　小型装饰绿植

铁艺家具　　　　　　弧形扶手沙发

皮质沙发　线条简化的木家具

线条简化的木家具　纯色布艺沙床品

线条简化的木家具　　　藤编篮筐

纯色布艺沙发　　　　旧木色边几

旧木色双人床 纯色布艺床品

复杂图案靠枕　玻璃花瓶

马类题材装饰画　　　铁艺茶几

编藤地毯　　　　　　带铆钉的布艺沙发　　　温莎椅　　　　线条简化的木家具

线条简化的木家具　弧形单人椅　　　　　　铁艺灯　　　不锈钢皮质混合材质座椅

旧木色斗柜　点状型插花　　　　　　　　线条简化的木家具

马造型摆件　线条简化的木家具　　　　　弧形单人椅　　　　　　　　簇绒地毯

纯色布艺窗帘　藤编篮筐

纯色布艺窗帘　线条简化的实木床

编藤地毯　铁艺双人床

线条简化的木家具　纯铜吊灯

纯铜吊灯　纯色布艺床品

藤编篮筐　带铆钉的布艺沙发

现代美式风格选材不必单一

　　现代美式风格追求自然质朴，天然材料必不可少，可以用来体现自然感，但同时现代美式风格并不拘泥于天然材料，一些金属材料、新型材料同样可以出现在现代美式风格之中，与天然材料搭配，可以呈现轻松明快的氛围。

线条简化的木家具　纯铜吊灯

簇绒地毯　　　　带铆钉的皮质沙发

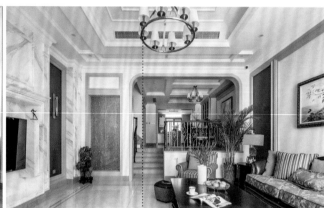

纯铜吊灯　　　　线条简化的木家具

纯铜吊灯　　　　　温莎椅

线条简化的木家具　玻璃花瓶

带铆钉的皮质沙发　　弧形扶手沙发

玻璃花瓶　　　　带铆钉的布艺座椅

纯铜吊灯 点状型插花

金属摆件　　　纯色布艺床品

纯色布艺窗帘 纯色布艺床品

旧木色斗柜　　　纯色布艺床品

线条简化的实木床　　花卉油画

旧木色双人床　　纯色布艺床品

纯色布艺沙发　铁艺家具　　　　　　　　　温莎椅　　　　　　　　　线条简化的木家具

玻璃花瓶　　　温莎椅

簇绒地毯　　　　纯色布艺沙发　　　　　　纯铜吊灯　带铆钉的皮质座椅

几何图案地毯　　　　麋鹿墙饰

棉麻布罩灯具　　　　纯色布艺沙发

线条简化的木家具　　纯色布艺窗帘

旧木色斗柜　　　　　线条简化的木家具

几何图案地毯　　　　纯色布艺床品

装饰画　　线条简化的木家具

混材餐桌　　　　　铁艺家具

平直线条的广泛运用

同美式乡村风格一样，现代美式风格也会出现像地中海风格中常用的拱形垭口，其门、窗也都圆润可爱，这样的造型可以营造出舒适和惬意的感觉。但是现代美式风格相对于美式乡村风格，线条上有所简化，主要表现在家具的造型上，会出现大量线条较为平直的板式家具。

纯色布艺沙发　　藤编篮筐

带铆钉实木餐椅　　铁艺灯

铁艺灯　　纯色布艺床品

带铆钉的布艺沙发　小型装饰绿植　　几何图案布艺　　金属家具

带铆钉的布艺沙发　　花卉油画

藤编篮筐　　编藤地毯

温莎椅　　　　混材餐桌

纯色布艺沙发　　纯色布艺抱枕

弧形单人椅　　线条简化的木家具

藤编篮筐　纯铜吊灯

簇绒地毯　　线条简化的木家具

纯色布艺沙发　　旧木色置物柜

纯色布艺沙发　　线条简化的木家具

纯铜吊灯　　　皮质沙发

纯色布艺沙发　　麻绳吊灯

点状型插花　线条简化的木家具

几何图案地毯　纯铜吊灯

纯色布艺沙发　　棉麻布罩灯具

纯色布艺窗帘　　　　纯色布艺沙发　　　　　　　　纯色布艺抱枕　　　　线条简化的木家具

纯色布艺沙发　　　　　　　　　　　　藤编篮筐　混材边几

点状型插花　　　　线条简化的实木双人床　　　　纯铜壁灯　　　　带铆钉的皮质沙发

棉麻制品仍是重要的装饰元素

　　棉麻制品仍是现代美式风格中不可或缺的软装饰元素，不仅可以出现在窗帘、抱枕等传统布艺制品之中，也可以选择棉麻布罩灯具来装点空间。棉麻天然、柔和的材质特点可以很好地营造出温馨的环境。

纯色布艺抱枕　　鸟类装饰吊灯

弧形单人椅　　　　铁艺家具

旧木色斗柜　　　　　　　　纯色布艺窗帘

骏马题材装饰画　　弧形扶手沙发

鸟类装饰画　　　　铁艺装饰灯具

弧形单人椅　　　　线条简化的木家具

木板壁挂装饰 皮质座椅

铁艺置物架　带铆钉的皮质座椅

铁艺灯　纯色布艺床品

带铆钉的皮质沙发　　混材茶几

藤编篮筐　　　　旧木色玄关柜

铁艺家具　　带铆钉的皮质沙发　　　　旧木色双人床　　玻璃花瓶

线条简化的木家具　　　　　　点状型插花

线条简化的木家具　玻璃花瓶　　　　　　　铁艺灯　　　　花卉油画

点状型插花　　　　铁艺家具　　　　纯色布艺沙发

纯色布艺沙发　复杂图案靠枕　　　　　　纯铜吊灯　　　　　　旧木色边几

铁艺装饰品　　　　　　　　点状型插花

铁艺装饰品　点状型插花　　　　　　　纯色布艺床品　　　　旧木色斗柜

线条简化的木家具　　　　　　　　　　纯色布艺床品

铁艺灯　　　　旧木色斗柜　　　　　　线条简化的木家具　纯色布艺抱枕

纯色布艺沙发　线条简化的木家具　　　旧木色餐桌椅　　　玻璃花瓶

自然田园风格

材料

用料崇尚自然，在织物质地的选择上多采用棉、麻等天然制品。

木材 / 板材、布艺墙纸、纯棉布艺、仿古砖

家具

多以原木材质为主，刷上纯白瓷漆、油漆，或体现木纹的油漆等。

低姿家具、碎花布艺家具、白色家具 + 碎花、胡桃木家具

配色

以清新淡雅的色彩为其主调，可以轻松营造出带有田园风情的氛围。

白色 + 粉色、白色 + 粉色 + 绿色、自然系配色、带有女性印象的色彩

形状图案

多采用简洁、硬朗的直线条，墙面及布艺织物的图案以花草纹饰为主。

碎花、条纹、雕花、鸟雀

装饰

随处可见花卉绿植、各种花色的优雅布艺，以及带有自然风情的装饰物。

木质相框、复古花器、盘状挂饰、碎花 / 蝴蝶图案的布艺、棉麻灯罩灯具

软装色彩搭配力求纯净与通透

　　自然田园风格的色彩力求纯净与通透，尽管在色彩运用上也可以丰富多样，但一定不能显得杂乱。在布艺和家具上可以选择一种色彩作为主色，再搭配两到三种糖果色，利用互补或对比的配色手法来塑造出层次感极强的室内空间。

花纹抱枕　碎花布艺沙发

碎花布艺座椅　　　　　小株植物

花卉图案窗帘　　挂盘装饰

木框装饰画　碎花布艺家具　　　　　白色实木家具

白色实木茶几　碎花布艺沙发　　　　　　　　　　　　花卉装饰画　带裙边沙发套

花卉装饰画　碎花布艺沙发　　　　　　　　　　　　　花纹图案沙发

碎花布艺沙发　白色实木茶几　　　　　　　　　　　　白色实木茶几　白色家具＋碎花

花朵造型吊灯　带裙边沙发套　　　　　　　　　　　　碎花布艺沙发　　木质相框照片墙

格纹壁纸　木框装饰画

花朵造型吊灯　碎花布艺桌旗

花纹抱枕　　　褶皱窗帘头

碎花布艺窗帘　带裙边床品

碎花布艺床品　　白色四柱床

花纹壁纸　　　白色实木床

花卉图案窗帘　　　　白色家具

低姿家具　　碎花布艺沙发

碎花壁纸　　　　　缎面抱枕

编藤坐凳　　　　碎花布艺沙发

白色实木四柱床　带裙边床品

碎花布艺双人床　手绘床头柜

白色实木床　　　　手绘家具

花卉图案布艺床品　　花卉图案窗帘

灵活小巧的家具形态

　　自然田园风格相较于材质，更加注重家具的形态和色彩。形态方面，家具往往呈现"低姿"的特色，很难发现夸张的家具。低矮的家具不仅小巧、精致，也可以令家居空间的利用更加紧凑。

白色铁艺床　　　　　花卉床品

薰衣草装饰花卉　　格纹桌布

白色实木床　　　碎花布艺床品

白色家具　　　　植物图案壁纸

挂盘装饰　　　　花卉图案桌布

花卉图案窗帘　　　　带裙边床品　　　　手绘床头柜　　　　挂盘装饰

树脂萌物工艺品　　　花卉图案布艺床品　　　　手绘收纳柜　　　　花卉图案窗帘

木框装饰画　　　　花卉图案布艺座椅　　　　薄纱窗帘　　　　白色实木双人床

带裙边沙发套　　　　碎花布艺抱枕　　　　碎花布艺抱枕　　　　铁艺双人床

花卉图案地毯　　　尖脚家具　　　建筑主题装饰画　　花卉图案床品

小株植物　　　　花卉图案窗帘　　　　　　　　　碎花布艺座椅

碎花布艺沙发　　　　花朵造型壁灯　　　碎花帐幔　　　碎花布艺床品

白色实木床　　　　木框装饰画

木框装饰画　　　　条纹布艺沙发

花卉图案窗帘

雕花餐椅　田园灯

木框装饰画　　　　花卉图案窗帘

铁皮花器　　白色实木家具

挂盘装饰　　　　　条纹座椅

女性化图案利用较高

在自然田园风格中，常出现偏女性喜好的图案，如碎花、繁复的植物图案、动物图案等，这些图案在自然田园风格中的使用频率较高，常会出现在窗帘、桌布、抱枕、床品等布艺之中。这些装饰品充分体现出女性的轻盈与美丽，与自然田园家居追求甜美、温馨的理念相得益彰。

花卉图案窗帘　　带裙边床品

薄纱窗帘　　低姿家具

低姿白色茶几　花卉图案地毯

低姿家具　　花卉图案窗帘

花卉图案装饰画　白色收纳柜

白色实木家具　　花卉图案布艺靠垫

花卉壁纸

带裙边沙发套　花朵造型壁灯

碎花布艺沙发　　　　低姿布艺沙发

碎花布艺沙发　　白色实木茶几

碎花桌旗　碎花布艺沙发

田园台落地灯　　　木框装饰画

碎花地毯

木质挂饰　　　　碎花布艺沙发

木框装饰画　　　手绘实木床

蝴蝶装饰　　　　　　　手绘实木床

木质相框　　　　薄纱帐幔

花朵造型吊灯　花卉图案桌布

白色四柱床　花朵造型吊灯

花卉图案床品　　　　挂毯

花卉图案布艺坐垫　　　　　　　白色铁艺座椅

碎花布艺沙发　　　　木质相框照片墙

白色实木家具　　　　棉麻窗帘

帐幔　　　　花卉图案床品

碎花布艺沙发　　　　碎花窗帘

白色实木茶几　　　　碎花布艺抱枕

木框装饰画　　　　碎花布艺沙发

低姿家具　　　　碎花布艺沙发

碎花壁纸　　白色实木床

花卉壁纸的灵活运用

　　在自然田园风格中，还喜欢运用花卉图案的壁纸。无论是大花图案，还是碎花图案，都可以很好地诠释出田园风格特征，即可以营造出一种浓郁的女性气息。

低姿家具　　田园吊灯

带裙边座椅　水晶吊灯

蕾丝田园台灯　　帐幔

花卉图案桌布　小株植物

手绘茶几　花卉图案地毯

彩绘水晶吊灯

碎花布艺沙发 木框装饰画

碎花布艺床品　　　　　　　　　　薄纱窗帘

花卉图案窗帘　　碎花布艺床品

白色实木茶几　碎花布艺沙发

碎花布艺床品　　　　低姿家具

羽毛球形灯　　　　花卉图案窗帘

碎花桌布　　白色实木家具

白色家具　　　　薄纱窗帘

花卉图案座椅

碎花布艺家具　　　　薄纱窗帘

带裙边床品　帐幔　　　　　　　　碎花布艺床品　碎花帐幔

木框装饰画　　　　帐幔　　　　　　花卉图案床品

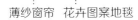

薄纱窗帘　花卉图案地毯　　　　　带裙边床品　花纹抱枕

铁艺灯具可以更加凸显居室风情

自然田园风格居室中的灯具，在材质选用上与美式乡村风格类似，多见铁艺灯。在造型上，则可以选择带有美式风情的灯具，如礼帽吊灯，可以为空间带来生动、活泼的视觉印象，既是照明灯具，也是装饰品。

白色实木床　花卉图案床品

蕾丝田园台灯　　　　碎花布艺床品

树脂萌物工艺品　　　　碎花布艺座椅

条纹布艺坐垫　　　白色座椅

礼帽灯　　　格纹布艺沙发

碎花布艺沙发　木质相框照片墙

木框装饰画　　　花朵造型吊灯

带裙边床品　　　　　　花卉图案窗帘

铁艺挂钟　碎花布艺抱枕　　　　　铁皮花器　　　　花卉图案桌旗

田园台灯　碎花布艺沙发

白色实木茶几　碎花布艺沙发

薰衣草装饰　带裙边床品

田园台灯　　白色实木书桌　　　　　　　　　　　花朵造型吊灯　花卉图案桌旗

白色实木餐桌　　碎花壁纸　　　　　　　　　　　白色实木床　　花纹抱枕

碎花布艺床品　　　碎花帐幔　　　　　　　　　　白色实木床　　碎花布艺床品

手绘家具　　　碎花布艺床品　　　　　　　　木质相框花卉油画　带有碎花图案的白色家具

格纹抱枕　　　　白色实木床

白色实木床　　　碎花布艺床品

白色实木餐椅　　　木框装饰画

木框装饰画　　　蕾丝田园台灯

带裙边布艺坐垫　　　白色实木高脚凳

白色家具与碎花的组合增强甜美感

　　白色家具在自然风格的居室中十分常见，一般造型都比较简约大方，线条流畅自然，单凭视觉就能感受到清新的效果和良好的质感。而精美的碎花则是韩式田园风格的一大鲜明特征，与白色家具搭配，既雅致，又能营造出一个充满自然感的"花花世界"。

白色实木洗漱台　　　　　碎花壁纸　　　　带有碎花图案的白色家具　　铁艺烛台

带有碎花图案的白色家具　　木质相框照片墙

花卉壁纸　　　　花卉图案坐垫

带有碎花图案的白色家具　　花卉图案桌布

帐幔　　白色四柱床

格纹桌布　　白色铁艺座椅

白色实木座椅　　　　条纹壁纸　　　　花卉布艺床品　　白色实木四柱床

花卉图案床品　　带有碎花图案的白色家具

木框装饰画　　花卉图案抱枕　　花卉图案抱枕　　小株植物

铁艺双人床　　花卉图案床品

花卉图案床品　　碎花壁纸　　盘状装饰品

现代自然风格

家 具

常用体积较小，重量较轻的家具搭配一到两件体积较大的家具，同时纤细体态的家具也会出现。

实木板式家具、布艺家具、金属家具

材 料

不再局限于实木材料，出现了新型材料。

实木、纯色涂料、金属、玻璃、板材、瓷砖

配 色

配色上以清爽明亮的白色为主，绿色点缀其中。

白色系、白色＋绿色、浅木色＋白色、白色＋无色系＋浊色调

形状图案

常见植卉图案，空间内以平直线条为主，但也会有圆润线条出现。

横平竖直的线条、植物图案、几何图案、木格纹

装 饰

绿植装饰随处可见，较少出现花卉装饰，装饰品的数量不宜过多。

木质相框、复古花器、盘状挂饰、碎花／蝴蝶图案的布艺、棉麻灯罩灯具

避免采用纯度和明度过高的色彩

现代自然风格的家居中，不论是家具，还是装饰品，色彩多偏重于浅色调，可以令家居环境更显干净、明亮。同时，也会使用蓝色、红色等点缀色彩，但以纯度和明度较低的浊色调为主，以保持空间的清幽感。

低姿茶几　布艺沙发

绿植　　　　　　　木框架布艺沙发

布艺沙发　植物图案布艺抱枕

金属落地灯　　　　　布艺沙发　　　　　植物图案装饰画

绿植　　　　　布艺懒人沙发　　　　盘状装饰　　　　实木板式双人床

植物图案壁纸　　　　　　　　　水晶吊灯　板式家具

金属吊灯　　　　植物图案卷帘　　　植物图案帘头　实木板式餐桌

绿植　　　　实木板式家具　　　　绿植　　　　纯色地毯

绿植　　　　　　编藤地毯　　　　　　　　　　　　　　　　　　　　绿植　　　　　线条简练的座椅

绿植　　　　　　　　　　　　纯色地毯　　　　　　　　　　细框装饰画

绿植　　　　　　　　木框架布艺沙发　　　　　　　　植物图案布艺床品　　　　　　　绿植

线条简练的茶几　绿植

绿植　铁艺置物架

绿植　线条简练的橱柜

植物图案布艺抱枕　竹木窗帘

植物图案床品　绿植

绿植　低姿无脚双人床

装饰品需要体现风格特征，也要具有现代感

现代自然风格的家居中装饰品虽然不多，但要求能够体现出独有的风格特征。另外，现代自然风格需要体现简约情调，因此新型材质的应用也很常见，可以营造出爽快的现代感。

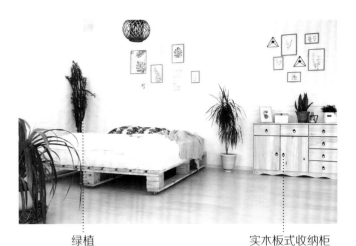

绿植　　　　　　　　　　　　实木板式收纳柜

绿植　线条简练的书桌椅　　　铁艺边几　　　　绿植

绿植　　　　　　纯色抱枕

植物造型装饰　　　绿植

铁艺茶几　　　纯色布艺沙发　　　　　藤编收纳盒　　　　　　绿植

绿植　　　线条简练的板式餐桌　　　　　绿植　　　　植物图案布艺抱枕

绿植　　　薄纱窗帘　　　　　细框装饰画　　　　　　绿植

铁艺花架　　　绿植　　　　　　细框装饰画　　绿植

细框装饰画 布艺无脚沙发　　　　　　　木框架布艺沙发　　　绿植

绿植　　　　　　　　　　低姿家具

线条简练的橱柜　　　绿植　　　　　　植物图案壁纸

绿植　无脚布艺沙发

低姿无脚双人床　　　　　　　　　绿植

实木板式书桌　　　　　　绿植

绿植　　　　　　　　　藤编休闲椅

细框装饰画　　　　绿植

棉麻布艺坐垫　　　　　　实木板式餐桌

直线条为主的空间印象

现代自然风格家居给人的视觉观感十分清晰、利落，无论空间造型，还是家具，大多为横平竖直的直线条，偶尔也会使用带有曲度的线条修饰。

藤编座椅　　　　绿植　　　　　　　线条简练的橱柜　　　　　　绿植

藤编收纳筐　　绿植　　　　　　　　线条简练的收纳柜　　绿植

绿植　　布艺抱枕　　　　　　　　　金属吊灯　实木板式餐桌

木框架布艺沙发　绿植墙饰

金属吊灯　纯色无脚布艺沙发

绿植　植物图案收纳柜

纯色抱枕　　　　　　　　绿植

陶罐花器　实木板式餐桌　　　　　线条简练的收纳柜　　　　低姿布艺沙发

木框架布艺沙发　　　　　藤编收纳盒

绿植　线条简练的家具

纯色布艺窗帘　　　　植物图案布艺床品

干花装饰　　　　线条简练的收纳柜

直线条餐桌　　　　藤编座椅

绿植　　　藤编收纳盒

植物图案布艺抱枕　　　　陶瓷底座台灯

木质相框装饰画　　　　　　　纯色地毯

线条简练的置物架　　　　布艺沙发

实木板式长凳　　　　绿植

线条简练的洗脸台　　绿植

绿植　　　　　　木质相框装饰画

自然材料与现代材料的组合

现代自然风格常将自然界的材质大量运用于居室的装修中，以淡雅自然为境界，重视实际功能，但同时对现代材料也积极运用，与自然材料和谐搭配，展现出自然而又不单调的空间面目。

藤编吊灯　　直线条餐桌

铁艺单人床

绿植　　　纯色无脚布艺沙发

绿植　　线条简练的板式橱柜

实木板式家具　绿植

绿植　实木板式家具

绿植　木框架布艺沙发

实木板式家具　纯色无脚沙发

绿植　线条简练的餐桌

纯色布艺沙发　植物图案抱枕

布艺沙发　绿植

植物图案装饰画　实木板式家具

铁艺花架　　　　　绿植　　　　　　　　低姿布艺双人床　　　线条简练的床头柜

植物图案布艺抱枕　　　　　　线条简练的收纳柜　　　　　绿植

地中海风格

家 具

多经过擦漆做旧处理，线条以柔和为主，简单且修边浑圆；一般比较低矮，可以令空间显得通透。

船形装饰柜、擦漆处理的家具、木色家具、条纹布艺沙发、白漆四柱床

材 料

一般选用自然的原木、天然的石材等，来营造浪漫、自然的气息。

马赛克、白灰泥墙、海洋风壁纸、花砖、边角圆润的实木

配 色

色彩丰富、配色大胆，往往不需要太多技巧，只要保持简单的意念。

蓝色＋白色、白色＋原木色、白色＋绿色

形状图案

选择流畅的线条，通过空间设计上连续的拱门、马蹄形窗等来体现空间的通透。

地中海手绘墙、拱形、条纹、格纹、鹅卵石图案、吊顶假梁、不修边幅的线条

装 饰

装饰品最好是以自然元素为主，如爬藤类植物是常见的居家植物，小巧的绿色盆栽也常见。

圣托里尼装饰画、海洋风装饰物、地中海吊扇灯、地中海拱形窗、铁艺装饰品

地中海家居风格中的纯美色彩组合

由于地中海风格给人的感觉是明亮、纯净的，在软装色调的运用上往往会采用高明度的色彩，如白色、天蓝色、亮黄色等；而像低纯度、暗彩度的暗浊色调、暗色调在空间中的运用比例较低。

地中海拱形窗　　　　　　　　　白色 + 蓝色布艺

白漆实木框架沙发　　　　　救生圈装饰

铁艺吊灯　　木质家具

条纹布艺餐椅　　照片墙

海星图案抱枕　地中海拱形门

铁艺双人床　　白色 + 蓝色棉织床品

白色 + 蓝色棉织床品　白漆实木家具

铁艺吊灯　　格子桌布

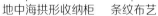

地中海拱形收纳柜　　条纹布艺

白漆实木餐桌椅　　　　玻璃装饰品　船形家具

地中海吊扇灯

玻璃装饰品　　擦漆木餐桌

白漆实木书桌　　地中海拱形置物柜

照片墙　　　　条纹布艺坐垫

白漆实木框架沙发　圣托里尼手绘墙

圣托里尼装饰画　　藤类植物　　　　　船形家具　　　　白漆实木框架沙发

条纹布艺抱枕　帆船装饰　　　　　海洋生物造型摆件　　白漆实木餐桌椅

条纹布艺窗帘　　　　白漆实木双人床　　地中海彩绘玻璃灯　　地中海拱形装饰

木质家具　　　　　布艺沙发

白色＋蓝色棉织床品　　白色四柱床

蓝色实木玄关柜　　海洋风装饰

擦漆木家具　　　　轻薄的纱帘

圣托里尼装饰画　白色＋蓝色棉织床品

圣托里尼装饰画　　　白色＋蓝色条纹布艺窗帘

浓郁的地中海人文风情和地域特征的图案形状

地中海风格是类海洋风格装修的典型代表，因富有浓郁的地中海人文风情和地域特征而得名。一般通过空间设计上连续的拱门、马蹄形窗等来体现空间的通透感，用栈桥状露台、开放式房间功能分区体现开放性。通过一系列开放性和通透性的建筑装饰语言来表达地中海装修风格的自由精神内涵。

铁艺座椅　　　条纹布艺坐垫

轻薄的纱帘

地中海彩绘玻璃灯　地中海拱形窗

藤编座椅　　白色＋蓝色棉织抱枕

白漆实木书桌　　地中海拱形装饰

藤面白漆座椅　　　　藤类植物

布艺家具　藤编吊灯

擦漆木家具　　　蓝色布艺沙发

白漆实木双人床

地中海拱形门　条纹布艺抱枕

铁艺吊灯　蓝白条纹布艺沙发

海洋风地毯　　　　布艺沙发

113

圣托里尼装饰画　　布艺家具　　　　　　　　　　　擦漆木家具　　条纹布艺坐凳

贝壳装饰　　白色四柱床　　　　　　　　　　　　　　　　　　　贝壳装饰

白色＋蓝色棉织窗帘　　铁艺双人床　　　　　　　　地中海拱形门

船形装饰　　白色＋蓝色棉织窗帘　　　地中海拱形窗装饰　　格子桌布

木质家具　地中海拱形收纳柜

蓝色布艺沙发　　擦漆木家具

海洋风壁纸　　　白色 + 蓝色棉织床品

地中海吊扇灯　圣托里尼手绘墙

照片墙　　　　　条纹布艺坐垫套

冷材质与暖材质广泛应用在地中海风格

暖材质主要体现在木质和棉织布艺上，可以体现出地中海风格的天然质感；冷材质主要表现在铁艺和玻璃饰物上，其中做旧的铁艺家具与灯具，可以凸显出地中海风情的斑驳感；而玻璃所独具的通透性与晶莹度，则与地中海风格清爽的氛围非常搭配。

白色四柱床　　圣托里尼手绘墙

白色 + 蓝色棉织床品　白色四柱床

蓝白条纹布艺沙发　　瓷器挂盘

白色 + 蓝色布艺沙发　　　白漆实木摇椅

白漆实木框架扶手椅　　　铁艺壁灯

轻薄的纱帘　　　贝壳图案抱枕

蓝色实木餐椅　　圣托里尼手绘墙　　　　　　　白色＋蓝色布艺窗帘　　　　　　条纹沙发

船舵装饰　　蓝色实木座椅　　　　　　　　圣托里尼装饰画　白色＋蓝色棉织床品

布艺沙发　　　　白漆实木框架座椅　　　　木质家具　　　　海洋风装饰画

贝壳装饰　　　　　　　　　　　　　条纹布艺座套　　铁艺吊灯

地中海扇形罗马帘　　　　圣托里尼装饰画

圣托里尼手绘墙　　　　铁艺吊灯

铁艺装饰镜　地中海彩绘玻璃灯

白漆实木书桌　　　　海鸥摆件

蓝色布艺沙发　　　　藤类植物

蓝色纱幔　　白色铁艺双人床

白漆实木框架沙发　　玻璃花瓶

救生圈装饰　　　　渔网装饰

海洋风装饰花　铁艺吊灯

圣托里尼装饰画　　　铁艺吊灯

蓝色帐幔　　白色＋蓝色棉织床品

蓝色实木家具　　　擦漆木家具

船形装饰　白漆实木框架沙发

低矮木质家具令地中海风格家居更显宽敞

　　在为地中海风格的家居挑选家具时，最好选用一些比较低矮的家具，可以令视线更加开阔。同时，家具线条以柔和为主，可以用一些圆形或椭圆形的木质家具，与整个环境浑然一体。材质方面，地中海风格十分偏爱木质和铁艺家具。

擦漆木家具　　　铁艺吊灯　　　　　　　　木质家具　　　地中海拱形门

圣托里尼手绘墙　　　瓷器挂盘

圆润线条的装饰门　　　蓝色实木餐桌　　　蓝白色马赛克　　　铁艺灯

地中海拱形门　　擦漆木家具

地中海扇形罗马帘　地中海彩绘玻璃灯

地中海彩绘玻璃灯　圣托里尼手绘墙

地中海拱形门　　　　　地中海彩绘玻璃灯

瓷器挂盘　　　　白漆实木餐桌椅

海洋风地毯　　　　蓝白色实木餐椅

带有地中海风格特定元素的灯具能够更好地体现风格特征

地中海灯具常见的特征之一是灯具的灯臂或中柱部分常会做擦漆做旧处理，与擦漆做旧的家具相同，力求表现出纯正的自然气息。此外，彩绘玻璃与白陶材质的灯罩吊灯也可以在一定程度上表达出地中海的风格特征。在灯具的造型上，常见地中海风格中的船舵、贝壳等图案，由于带有童趣，常用在儿童房中。

绿植　　　　　　　　　蓝色木质家具

布艺家具　　　海洋风地毯

条纹布艺座椅　　　木质家具

条纹布艺窗帘　　白色＋蓝色棉织床品

木质家具　　白色＋蓝色条纹家具　　　　　　　手绘墙　　地中海拱形门

条纹布艺沙发　擦漆木家具

锻打铁艺家具　蓝色布艺沙发

蓝色布艺沙发　海洋风灯具

格子桌布　　　海洋风灯具

木质家具　铁艺吊灯

格子布艺沙发　木质家具

铁艺吊灯　瓷器挂盘

照片墙　　　　　　　　　木质家具

瓷器挂盘　　　　地中海彩绘玻璃灯

木质家具　瓷器挂盘

白色四柱床　　　白色＋蓝色棉织床品

条纹布艺沙发　　　　蓝色实木茶几

地中海窗　　　　　　藤编餐椅

海洋风灯具　　藤编座椅　　　　　　锻打铁艺家具　　　　　　　擦漆木家具

白色＋蓝色布艺沙发　海洋风装饰画　　蓝白色实木收纳柜　帆船装饰

救生圈装饰　　帆船装饰　　　　　　铁艺吊灯　地中海拱形背景墙

白色四柱床　　　　帆船装饰　　　　条纹布艺地毯　　海洋风装饰画

照片墙　　　地中海拱形门　　　　　　　地中海拱形门

瓷器挂盘　　　　　白色＋蓝色棉织床品　　轻薄的纱帘　　　　　白色四柱床

圣托里尼手绘墙　木质家具　　　　　　　做旧花器　　　　　蓝色布艺沙发

地中海拱形门　　　白漆实木电视柜

地中海拱形门　　　木质家具

绿植　　藤编收纳筐

地中海拱形窗

白色 + 蓝色棉织床品　　　白色四柱床

擦漆木家具　地中海彩绘玻璃灯

装饰品中可以利用绿植来彰显自然味道

地中海风格的家居非常注重绿化，爬藤类植物是常见的居家植物，小巧可爱的绿色盆栽也常常出现。花盆方面，带有古朴的味道的红陶花盆和窑制品就很好，可以充分体现出地中海风格的质朴感觉，同时又不乏自然气息。

铁艺装饰品　　　船舱造型摆件

地中海拱形门　　　铁艺摆件

铁艺吊灯　　　　　　灯塔摆件

白色＋蓝色棉织床品　圣托里尼装饰画

铁艺装饰品　　圣托里尼装饰画

白漆实木床　　　　　　圣托里尼手绘墙　　　地中海彩绘玻璃灯　　地中海拱形窗　　　擦漆木家具

地中海拱形书柜　　　　　　　　　　　　　　　　　　　　　　　　　　地中海拱形窗

地中海吊扇灯　　　　　　　地中海拱形门　　　　　　锻打铁艺家具　　地中海吊扇灯

木质家具　格子布艺窗帘　　　　　　　　　　　照片墙　地中海彩绘玻璃灯

圣托里尼手绘墙　　白色＋蓝色棉织床品　　　　　　　　船形家具

条纹布艺抱枕　　　　　地中海拱形门　　　　　白色＋蓝色布艺抱枕　　　藤编收纳盒

救生圈装饰　　　海星图案抱枕

瓷器挂盘　　　　蓝色实木餐桌椅

轻缈的纱帘　　　白色四柱床

地中海拱形收纳柜

拱形装饰　　　条纹布艺坐垫

格子布艺窗帘　　　　　　救生圈装饰

擦漆木家具

用海洋美感的装饰物品修饰空间

　　地中海风格的装饰一方面需要表达出海洋般的美感，如大多饰品具有海洋元素的造型，并且材质多样，陶瓷、铁艺、贝壳、树脂、编织或者木质材料均适合，陶瓷和铁艺有时也会做一些仿旧处理。

纯色布艺沙发　条纹布艺抱枕

陶罐装饰　　　　　　　布艺家具

地中海彩绘玻璃灯

白色四柱床　　　　　地中海彩绘玻璃灯

栅栏造型座椅　船形装饰

白色＋蓝色棉织床品　　条纹布艺窗帘

船舵装饰　　海洋风灯具

白色＋蓝色棉麻窗帘　条纹座椅

船形装饰　白色四柱床

圣托里尼照片墙　　白漆实木摇椅

擦漆木家具　　白色四柱床

拱形形状的大量使用

　　建筑中的圆形拱门及回廊通常采用数个连接或以垂直交接的方式，形成延伸般的透视感。此外，家中只要不是承重墙，均可运用半穿凿或者全穿凿的方式来塑造室内的景中窗。

海洋风摆件　　　　擦漆木家具

海洋风装饰　　地中海彩绘玻璃灯

条纹布艺抱枕　　海星装饰

白漆实木框架沙发　　　白色 + 蓝色布艺坐垫

锻打铁艺床   擦漆木家具

地中海拱形门   木质家具

灯塔装饰   海洋风灯具

蓝白条纹座椅   铁艺吊灯

救生圈装饰   地中海拱形门

朴素自然的装饰物件

　　在地中海风格的家居中，其装饰品最好是以自然元素为主，如爬藤类植物是常见的居家植物，小巧的绿色盆栽也常看见。另外，还可以加入一些红瓦和窑制品，为空间增加古朴味道。而像窗帘、沙发套、灯罩等布艺均以低彩度色调和棉织品为主。

白漆实木书桌　　　　　　　　　白色四柱床

格子布艺抱枕　蓝色布艺沙发　　　照片墙　　　　　　　铁艺吊灯

海洋风配色装饰花　　　　　　　　铁艺装饰

蓝白条纹桌布　　　　　　擦漆木家具　　　　　地中海吊扇灯　蓝色实木家具

轻薄的纱帘　　白色 + 蓝色布艺座面餐椅　　　　　珊瑚装饰　　　白漆实木橱柜

白色 + 蓝色布艺窗帘　　白漆实木框架沙发

瓷器挂盘　　　　　　　轻薄的窗帘

地中海彩绘玻璃灯　　　圣托里尼手绘墙

地中海彩绘玻璃灯　白色 + 蓝色棉织坐垫

地中海拱形门

瓷器挂盘　　　　锻打铁艺床

海鸟摆件　　　瓷器挂盘

铁艺花架　　海星装饰

白色四柱床　　白色＋蓝色棉织床品

白漆实木收纳柜　　海鸟摆件

木质家具　　　　铁艺吊灯

条纹布艺　　　　　海星装饰

木质家具　　　　船形装饰

布艺沙发　海星装饰